中国地震局地震科普图书精品创作工程

院 士 谈 减 轻 自 然 灾 害

滑坡灾害

LANDSLIDE DISASTER

陈颙 著

地 震 出 版 社

图书在版编目（CIP）数据

滑坡灾害 / 陈颙著. -- 北京 : 地震出版社，2020.5

（院士谈减轻自然灾害）

ISBN 978-7-5028-5195-8

Ⅰ. ①滑… Ⅱ. ①陈… Ⅲ. ①滑坡—研究
Ⅳ. ① P642.22

中国版本图书馆 CIP 数据核字（2020）第 051422 号

地震版 XM4626

滑坡灾害

陈 颙 著

责任编辑：董 青

责任校对：刘 丽

出版发行：地震出版社

北京市海淀区民族大学南路 9 号　　邮编：100081

发行部：68423031　68467993　　传真：88421706

门市部：68467991　　传真：68467991

总编室：68462709　68423029　　传真：68455221

http: //seismologicalpress.com

经销：全国各地新华书店

印刷：北京地大彩印有限公司

版（印）次：2020 年 5 月第一版　2020 年 5 月第一次印刷

开本：787 × 1092　1/16

字数：80 千字

印张：3.5

书号：ISBN 978-7-5028-5195-8/P(5915)

定价：58.00 元

目录 Contents

引言

滑坡和泥石流是经常发生的灾害，它和地震、海啸等灾害几十年、几百年发生一次不同，在有些地方，甚至一年可以发生几次。几乎全世界所有的国家，特别是在它们的山区，每年都会发生滑坡和泥石流灾害。滑坡和泥石流灾害的特点是：发生的频度高，分布的地域广，造成的灾害严重。

中国是一个滑坡、泥石流等地质灾害十分频繁和灾害损失极为严重的国家，尤其是西部地区更甚。据卫星照片资料，全国有灾害点100万处以上，经调查证实的大型滑坡灾害点就有7800多处，泥石流灾害点11100多处。新中国成立以来，共发生破坏较大的滑坡、泥石流灾害5000多次，造成重大损失的严重灾害事件1000多次。

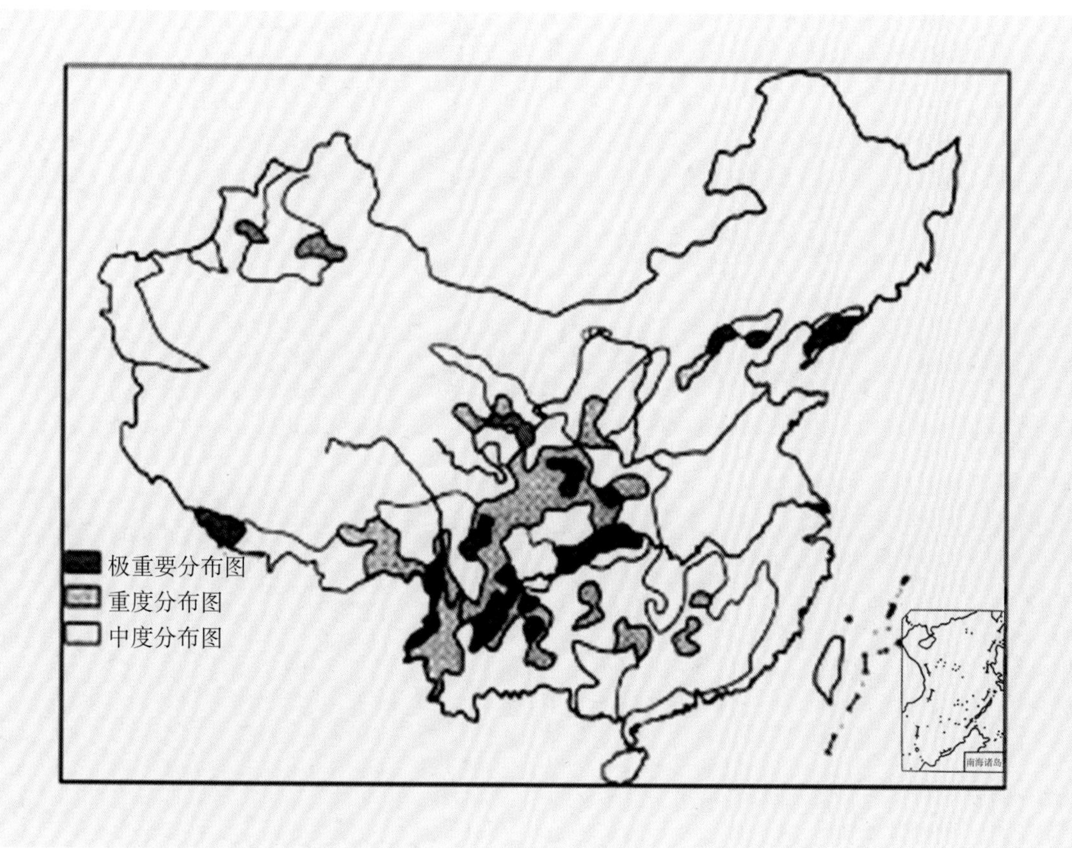

中国大陆滑坡和泥石流灾害区域分布

不仅在中国，滑坡和泥石流等也是威胁世界各国的地质灾害。2006年 1月4日，印度尼西亚中爪哇省部分地区连降大雨，引发山体滑坡和泥石流，许多村庄被淹没，至少造成200多人死亡或失踪。联合国环境保护组织说，这不仅是天灾，也是人祸。他们指责说，无限度的乱砍滥伐和围垦破坏了下垫面条件，降低了地表的调节能力，形成了有利于洪水和泥石流发生的条件。他们呼吁印度尼西亚政府马上采取措施。"如果人们不停止砍伐森林，不能让原生植物物种在那里重新生长起来，形成新的森林，我们可以预见另一场类似灾难的发生。"

据中国地质环境监测院不完全统计，1995—2003年，在中国滑坡和泥石流等突发性地质灾害共造成10499人死亡和失踪，平均每年死亡和失踪1167人、财产损失64亿元。

据美国地质调查局统计，1969—1993年间，美国滑坡、泥石流造成的灾害损失平均每年约为20亿美元。

滑坡和泥石流是一种自然灾害，从古就有。随着经济的发展，人类的活动又加剧了这种灾害，这是为什么呢？本书从认识滑坡和泥石流产生的原因谈起，介绍它们产生灾害的严重性，最后讨论如何通过约束人类的活动和采取必要的措施，减轻滑坡和泥石流灾害。

重力作用和地表物质的运移

重力无时不在、无处不在。下雨、流水、刮风、起浪等现象都离不开重力的影响。在地表物质运移中，重力起到了关键的作用。

在重力作用下，地表物质的运移主要有四种类型：

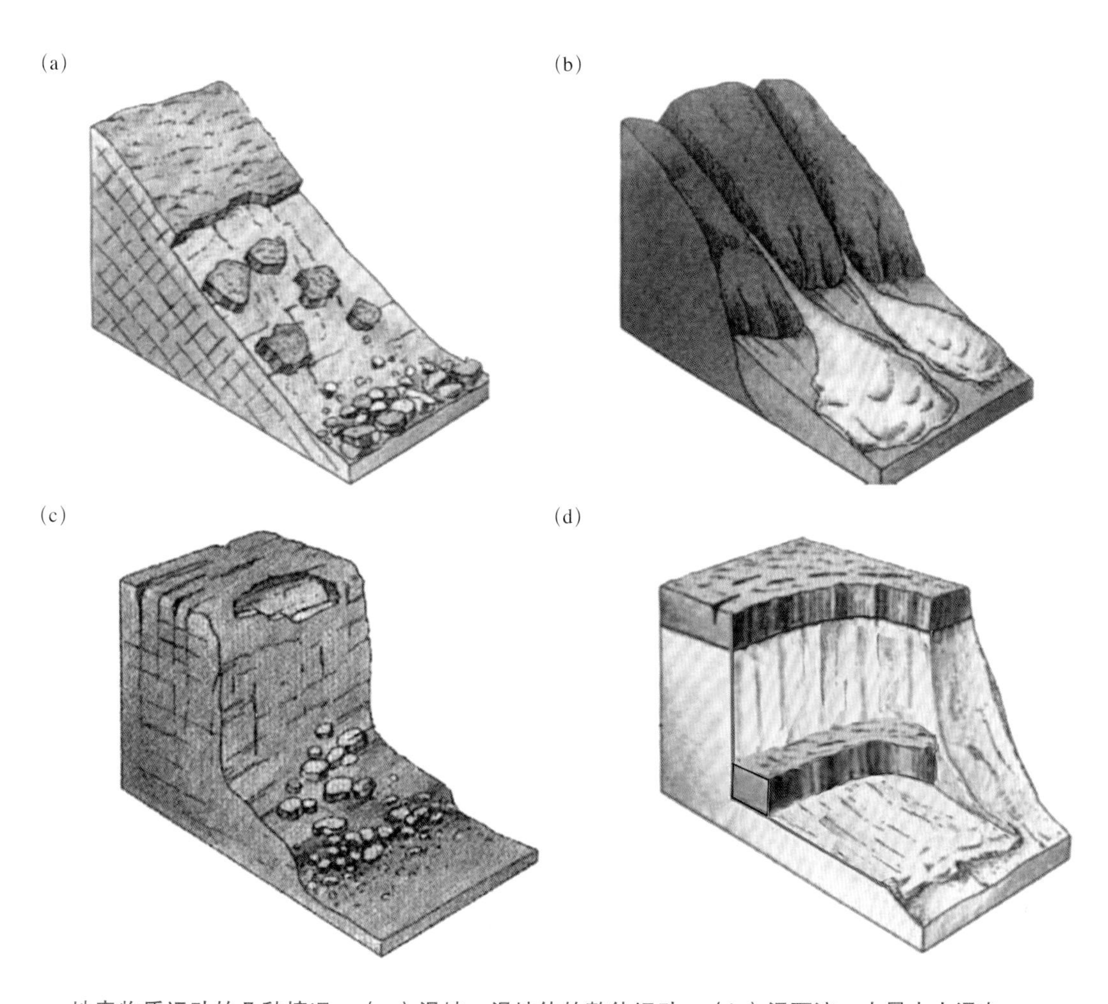

地表物质运动的几种情况：（a）滑坡，滑坡体的整体运动；（b）泥石流，大量大小混杂的松散固体物质和水的混合物沿山谷猛烈而快速运动；（c）落石，陡峭的岩石山坡上。零星岩石的下落；（d）地面塌陷

■ 滑坡

滑坡是大量的山体物质，在重力作用下，沿着其内部的一个滑动面，突然向下滑动的现象。自然界有许多不同类型的滑坡，不仅是泥土，岩石和人工堆积的垃圾、尾矿等废物都会发生滑坡。雪崩是大量高山积雪物质的突然运动，它们的产生原因和滑坡大同小异。

在重力作用下，山体物质突然向下滑动，形成滑坡。因此，重力是造成滑坡的根本原因。虽然重力是无时无刻不存在的，但并不是每时刻都有滑坡发生。在重力作用下，许多物质都有沿滑面向下滑动的趋势，但在没有具备滑动的条件时，它们仍然保持稳定。当某些外界因素一旦发生少许的变化，就可能产生滑动的条件，长期积累的重力势能瞬间就会释放出来。

2001年夏，中国四川省都江堰市麻溪滑坡：位于紫坪铺水库工程建设区，在降雨和工程开挖的影响下发生了两次滑动，滑坡体总量达到60万m^3，造成滑坡前缘213国道中断达20多小时（黄润秋教授提供）

2008年汶川大地震引发中国四川省安县的山体发生了大型滑坡。大光包（地名）滑坡是已知的中国最大的滑坡：滑坡面宽2.2km，山体向下滑动4.5km，滑坡总体积达$7.5\times10^8m^3$，这也是全世界滑坡体积超过$5\times10^8m^3$ 的几次巨型滑坡之一（资料来源：许强提供照片）

■ 泥石流

泥石流是沙石、泥土、岩屑、石块等松散固体物质和水的混合体在重力作用下沿着沟床或坡面向下运动的特殊流体。

在降雨过程中，山区堆积的松散的固体物质和雨水混合，形成泥石流，沿着沟床或坡面流动，在流体和沟床或坡面之间存在着泥浆滑动面，但不存在山体中的破裂面，这是泥石流和滑坡的明显区别。两者运动的能量来源都是重力，这是泥石流和滑坡的相同之处。

滑坡和泥石流在本书后面还有专门的介绍，下面介绍地表物质运移的落石和地面塌陷两种类型。

2010年8月7日22时，中国甘肃省舟曲县突降强降雨，县城北面的三眼峪和罗家峪同时爆发泥石流，泥石流灾害共造成1144人遇难，600人失踪

■ 落石

山区公路经常临近陡峭的山体，在降雨、刮风和地震等外界因素的影响下，经常会有山上的岩石滚下山来，这是重力作用的结果。落石给交通和行人带来了危害。

2008年“5 · 12”中国汶川地震后，放在龙门山山谷中的仪器记录到地震时地面运动的加速度已经接近1g（g是重力加速度，$1g = 980\ \text{cm/s}^2$，当地面以1g的加速度运动时，站在地面上的人会被抛起来）。可以想象，山顶上的运动加速度一定比山谷里大很多，于是山顶上许多石头在地震时被抛了出来，地震后到处可见从山上滑下来的许多大石块，其中一些石块具有新鲜的破裂面，说明它们曾是山顶上的岩体的一部分，地震强烈震动将它们从原来的岩石上剥离，抛了出来。

在h高处，质量m的物体的势能为

$$势能 = mgh \quad（g为重力加速度）$$

下落到地面，其动能为

$$动能 = \frac{1}{2}mv^2 \quad（v为速度）$$

落石的势能转化为动能，因此，高山的落石，高度越高，下落的能量越大，速度越快，到地面后滚动的范围越大。

都江堰至汶川公路上被落石砸坏的汽车

山区铁路上的落石

汶川强烈地震时，山脚下记录的地面运动峰值加速度(PGA) 接近1g(g 为重力加速度，1g = 980cm/s^2，当地面以1g 运动时，站在地面上的人会被抛起来)。此时山顶的PGA 一定大于1g，山顶的部分岩石会被抛离，进一步会被抛出（红线标注）

汶川地震后，从山上滚落的一些石块具有新鲜的破裂面，说明它们是经过强烈的地震动被从原来的岩石上剥离并抛了出来

在陡峭的山体临近公路方向装置防护网和警告牌

■ 地面塌陷

地面塌陷是指上覆岩层发生破坏。岩土体下陷或塌落在地下空洞中，并在地表形成不同形态的塌坑。重力是塌陷的基本原因，而地下空洞的存在是地面塌陷的基本空间条件。

地面塌陷是地下矿产采空区或喀斯特区常见的一种自然灾害。据不完全统计，中国23个省（自治区、直辖市）发生过岩溶塌陷1400多例，塌坑总数超过4万个，给国民经济建设和人民生命财产安全带来严重威胁。由矿山开采引起的地面塌陷往往形成洼地、槽谷或负地形，并伴随有不规则的开裂和地形起伏；高原区的土洞从形成到塌陷具有规模小、历时短、数目多等特点。

随着地下矿产资源不断加速开采，形成了地球内部的多“空区”和多“空洞”现象。当这些地下采空区顶部的岩石强度遭破坏时，地面塌陷就发生了。

1981年发生在美国佛罗里达州Winter Park的巨型塌陷，直径达106m，深30m，使街道、公用设施和娱乐场所遭受严重毁坏，损失超过400万美元

除了矿业采空区的地面塌陷以外，水在地面塌陷中也起着非常重要的作用。城市中地下水管的泄露，带走大量的土壤，形成地下空洞，造成地面的塌陷。随着城市化的进展，地下水泄露和冲刷形成的城市地面塌陷越来越多。这是所有城市市政建设面临的新问题。

近年来，随着城市化的发展，由于地下水网的漏水，冲出地下的空洞，发生地面塌陷，尽管规模不大，但破坏却很大

居民楼附近的水管泄漏，造成地面塌陷，停车场的汽车掉入塌陷坑中

当自然界的地下水（H_2O）和空气中的二氧化碳（CO_2）结合，在水中生成碳酸（H_2CO_3），含碳酸的水流经碳酸岩地区时，将不溶于水的碳酸钙（$CaCO_3$）变成了溶于水的碳酸氢钙（$H_2CO_3+CaCO_3=Ca(HCO_3)_2$，从而将碳酸钙带走。天长日久，水滴石穿，逐渐形成了地下空洞，称之为喀斯特岩洞。

地下相邻的喀斯特岩洞如果互相串通，则可能形成地下河。而被地下河水带走的碳酸氢钙，由于它的化学不稳定性，在新的环境下又可还原为碳酸钙（$Ca(HCO_3)_2= CaCO_3\downarrow +H_2O+CO_2$）。在漫长的岁月中，不断重复着上面的变化过程，形成了今天令人叹为观止的喀斯特溶洞。溶洞在地下水位波动频繁的位置被侵蚀破坏形成塌陷。坍塌边沿和空洞边沿基本形成上下对应关系。由喀斯特溶洞形成的坍塌一般形成塌落洞，洞成筒状或柱状。

在地下河强烈的溶蚀侵蚀作用下，导致地下空洞上方岩层的不断崩塌以致达到地表，就形成了地球表面的巨大塌陷坑。人们往往把它称为“天坑”。中国重庆小寨天坑就是这种地质奇观的代表。

(a)

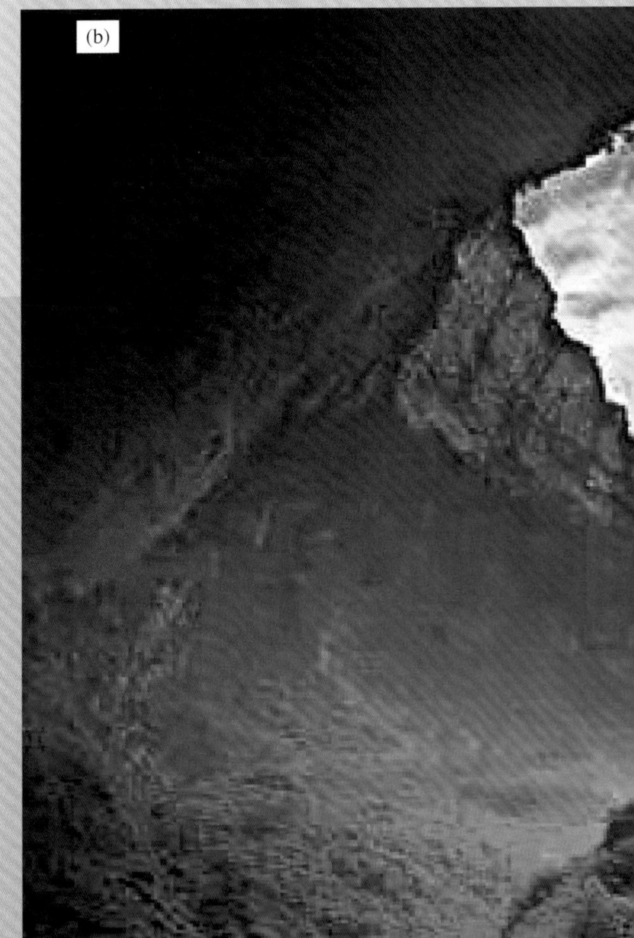

(b)

小寨天坑。世界上仅有的三例超级天坑（深度和宽度均超过500m）之一，位于中国重庆市奉节县小寨村。小寨天坑坑口地面标高1331m，深666.2m，坑口直径622m，坑底直径522m。坑壁四周陡峭，在东北方向峭壁上有小道通到坑底。天坑在北纬30° 44′23″，东经109° 29′附近。（a）从地面上看到的天坑；（b）站在坑底抬头仰视，看到了蓝天，颇有“坐井观天”之感

小寨天坑是地下河的一个“天窗”。天坑内不仅有众多暗河，有四通八达的密洞，还有大量珍奇的动植物和古生物化石，名震中外的“巫山猿人”化石，就是在距小寨天坑二三十千米外的巫山龙骨坡发现的。天坑是一种特殊的地质现象，一般都出现在碳酸岩多的喀斯特地貌地区。小寨天坑容积约为1.2亿m^3，它围壁圆满，体量巨大，深度为521～666.2m，宽度为535～625m，从深度和容积两个指标看，都是真正的“世界第一天坑”。小寨天坑入选国家建设部公布的首批《中国国家自然遗产、国家自然与文化双遗产预备名录》。

重庆武隆后坪乡天坑。在该天坑周围，曾有3～4条水量非常大的河流汇聚，这种外源水的量相当大，水动力也相当强，便形成漩涡，同时侵蚀和溶蚀能力都很强，在冲蚀和崩塌联合作用下，洞口越来越大，越来越深，便形成了天坑。天坑绝壁万丈，形态呈圆桶形，东西长约250m，南北宽约220m，天坑深度超过300m。2007年6月27日，后坪天坑群被列入《世界自然遗产名录》，堪称南方喀斯特地质地貌经典（图片来源：百科全书）

滑坡、泥石流的形成

重力作用是滑坡和泥石流形成的基本力学原因，但促其形成的其他因素略有不同。

■ 滑坡及其产生条件

顾名思义，“滑坡”有两重含义，一是“滑”，二是“坡”。显然，无“坡”不滑，在平原地区，不会出现滑坡，在陡峭的山区才有可能出现滑坡。而有“坡”却未必“滑”，并不是所有的山坡都自然地会发生滑坡，我们可以看到许多山脉和山丘屹立了成千上万年，依然保持着稳定的状态。坡面发生滑动需要满足一定的条件。掌握了这些滑动需要满足的条件，我们就能认识滑坡产生的原因和机理，就能加深对防止和治理滑坡的了解。

滑坡发生取决于两类因素，一是滑动条件，二是滑坡的触发因素。先谈滑动条件。

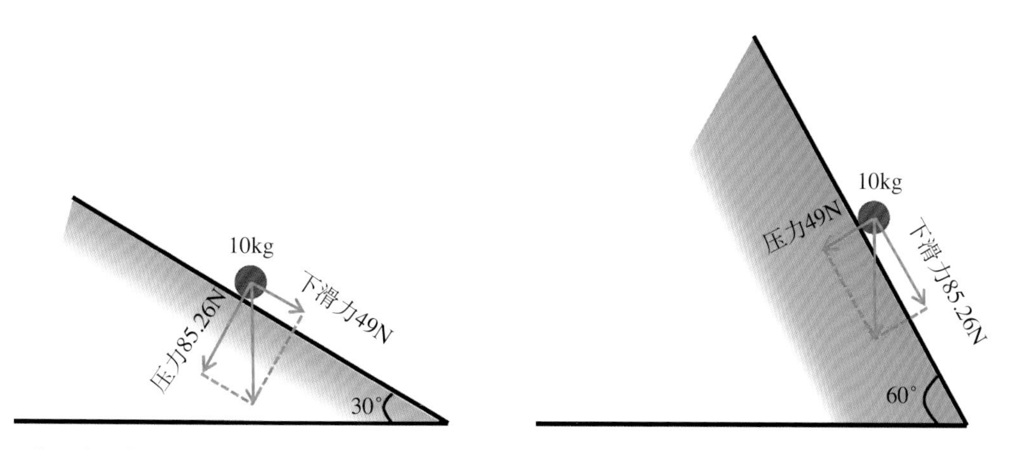

作用在物体上的重力总是要把物体拉向地心。我们来看位于与水平面成30° 角斜面上的一个重10kg的小球，由于斜面的存在，小球无法垂直向下运动，重力拉小球沿斜面运动的下滑力*T*为10kg × sin30° × 9.8N/kg=5kg。显然，斜面越倾斜，下滑力越大。当倾角为60° 时，下滑力变成了85.26N

地球表面的物质（岩石和许多沉积物，以下称岩土），多数都是层状分布的。当我们观察河流切割的峡谷两旁的岩土时，可以发现岩土是一层一层分布的，每层之间都有清楚的层面，有些层面是近于水平的，有些层面是倾斜的。假定在一个山体上存在着一个倾斜的层面AA'，它的倾角是α，如果它是一个软弱的岩层，则层面上方的山体有可能沿着该层面发生滑动。我们现在来分析一下该山体的稳定性。

分析滑坡的力学模型：山体上假定存在着一个倾斜的层面AA'，它的倾角是α，而且它是一个软弱的岩层，则有可能沿着该层面发生滑动

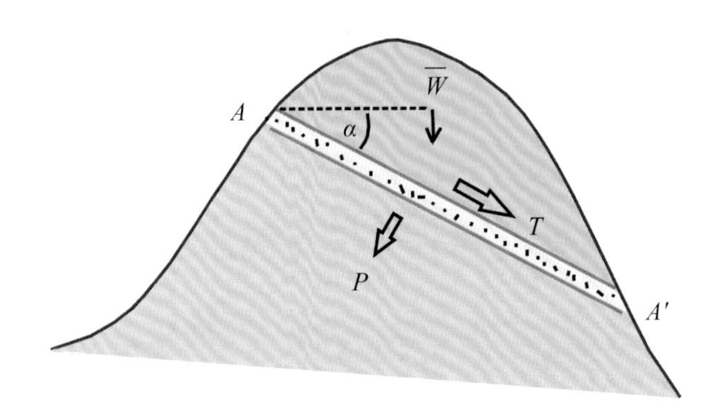

滑动层面上方的山体，在地球重力作用下，施加在层面的力为$\overline{W}$，该力可以分解成一个沿层面方向的下滑力（拉力）T

$$T=\overline{W}\cdot\sin\alpha \tag{1}$$

和一个垂直层面方向的正压力P

$$P=\overline{W}\cdot\cos\alpha \tag{2}$$

剪切力T是造成滑坡的力，正压力P是阻碍滑坡的力，如果出现沿AA'面的滑动，从物理学中的摩擦定律可知，则摩擦力应为正压力与摩擦系数μ的乘积，摩擦力是阻碍滑动的力。滑坡的临界条件是一个面上的下滑力等于该面上的摩擦力，于是，发生滑坡的临界条件可以写为

$$T=\mu P \tag{3}$$

下面我们讨论层面倾角α对滑坡的影响。

接近水平的层面（倾角很小的层面），由式（1）、式（2）得知，其层面上的下滑力T很小，而正压力P很大，摩擦力μP也很大，因此，不满足式（3）的条件，这种层面不可能发生滑坡。

但对于很陡峭的层面（倾角α很大的层面），层面上的剪切力T大，而摩擦力（阻止滑坡的力）

小朋友在游乐场玩滑梯。滑梯倾角太小，不容易滑下来，倾角过大，滑动速度又过大，一般倾角取45°左右。这时，既容易滑动，速度又不会过快。注意：滑梯落地时，滑梯与地面的倾角变小，起到减速的作用。自然界滑坡的岩体，几何尺寸总是有限的，滑坡体的最下部（坡脚或坡趾）对于决定滑坡是否会发生起到重要作用

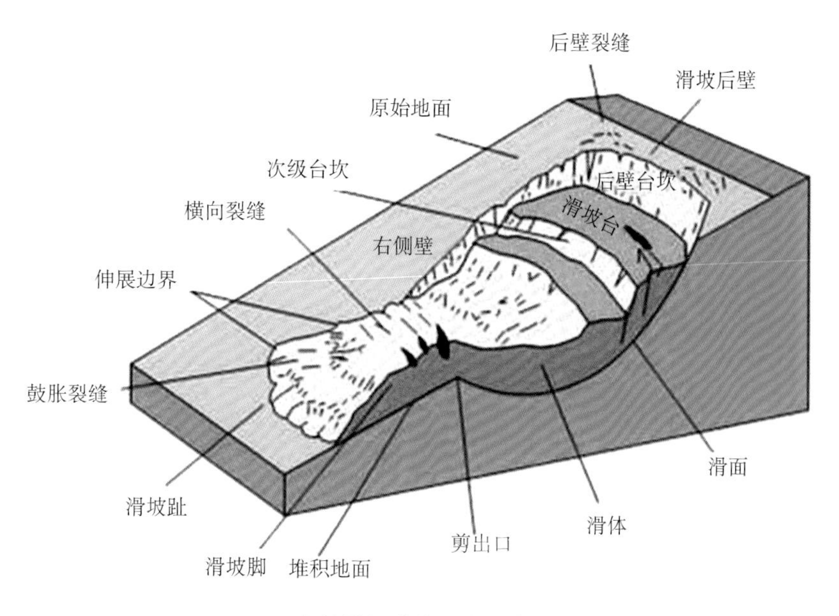

自然界滑坡的组成要素

却不大，因此，高倾角的层面容易发生滑坡。事实表明，滑坡主要是发生在高倾角的层面上。

和小朋友的滑梯相比，自然界的实际滑坡情况要复杂得多，不过它们的原理是相同的。

再来谈触发因素。我们把外界能够引起滑动的变化叫作滑坡的触发因素。能够触发滑坡的主要因素有三种：第一是地震的影响，世界上最大的滑坡就是由地震触发的，其造成的灾害也最大；第二是水的作用，连续的降雨和冰雪融化，使土壤饱和，导致滑动层面润滑，也能造成滑坡；第三是人为的不合理开挖，这可能破坏包括山体物质在内的山地系统的力学平衡。地球上绝大部分滑坡和泥石流的发生都与水有关（数量多），但大规模的滑坡和泥石流主要与地震有关（规模大），人为活动引起的滑坡，尽管数量不少，但规模都不大。

上面关于滑动条件的讨论限于静止的情况，即上覆岩体仅仅在重力作用下的情况。当发生地震时，特别是发生大地震时，情况就完全不同了。地震时，上覆岩体除了受重力作用外，还受到地震力的作用。以唐山地震为例，地震时地面加速度可以超过1g（竖直向下的加速度1g相当于地面失重掉下来做自由落体运动）。这表明，地震时上覆岩体作用在层面AA'上的力，除了重力产生的竖直方向的力$\overline{W}$外，还要加上由地震力产生的超出$\overline{W}$以外的额外的力，而且地震产生的额外负载往往不全是竖直方向的，而是有很大的水平分量。于是，有一些较大倾角的层面，它们在静态重力$\overline{W}$作用下是稳定的，不会发生滑动，但在动态地震力的作用下，沿层面方向的剪切力大大增加了，这些层面在地震时满足了滑动条件式（3），发生了滑坡。导致滑动的动态力不仅来自地震，火山喷发等也是造成滑坡的动态动力的来源，这就是许多大型滑坡发生在地震和火山喷发时的原因。

孙家沟滑坡。1920年海原8.5级大地震在甘肃静宁县孙家沟引起的滑坡，滑坡体宽1200m，厚50m，向下滑动距离400m（王兰民提供）

水也是滑坡的触发因素。降雨对滑坡的作用主要表现在：雨水的大量下渗，导致斜坡上的土石层饱和，甚至在斜坡下部的隔水层上积水，从而增加了滑体的质量。水的另一种作用是润滑作用，干燥的岩石层面摩擦系数大，不容易发生滑动，而一旦有水进入层面时（特别是松软的岩层，水很容易渗入）摩擦系数会大幅度地降低，原来稳定的山体，在大量降雨或冰雪融化时，就出现了滑坡，这就是为什么大量的滑坡出现在夏季多雨季节的原因。

水的另一种作用是减少正压力。当水进入岩土层后，水的孔隙压力增大，导致正压力减少，从而减少了摩擦力。

无论水的哪种作用，都是滑坡的促进因素，因此，水的存在——例如大的降雨、冰雪融化等——都有助于滑坡的产生。

菲律宾每年都要遭遇大约20次台风，台风和强降雨造成的洪水和泥石流导致大量人员伤亡。莱特岛是菲律宾遭受台风袭击的重灾区之一，1991年11月，莱特岛遭遇因热带风暴引发的洪水和泥石流，共有6000人在灾难中丧生。2006年2月中旬，拉尼娜现象使当地连续两周连降暴雨，导致附近山体松动，2 月16 日，发生了大规模的泥石流。泥石流瞬间将村庄中500余座房屋和一所正在上课的小学全部吞没。事发当时，200名学生、6名教师和校长在校，全体师生均被泥石流冲散，仅有5名

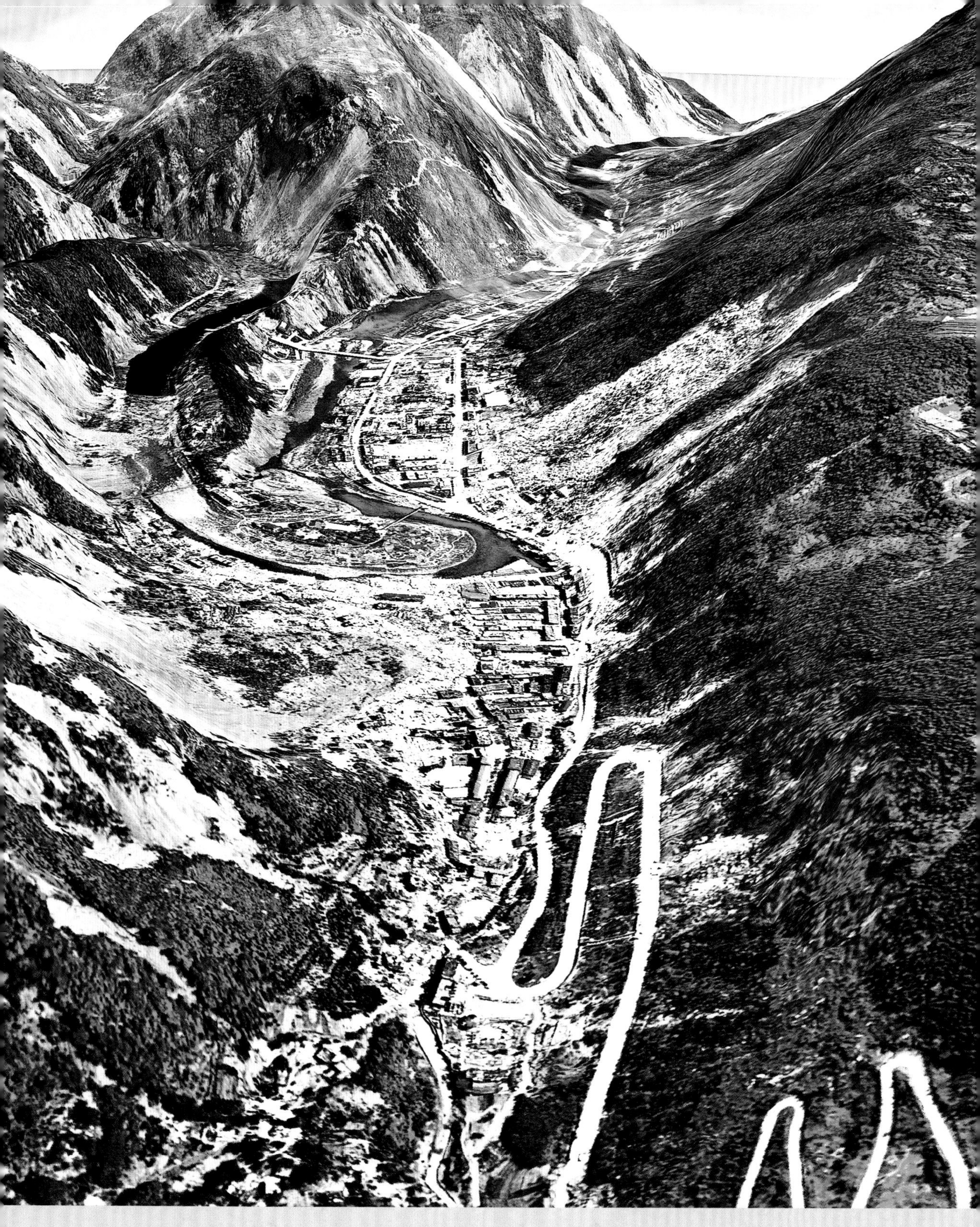

2008 年汶川地震引起的山体滑坡——汶川地震极震区北部的航空照片。图中弯弯曲曲的河流两岸是高山峻岭，地震引起了周围山体的滑坡，造成了巨大的灾害，该地区的人口伤亡多数由滑坡造成，滑坡时产生的巨大空气冲击波可达滑坡前缘100m 以外 (资料来源：郭华东提供图片)

2006 年2 月16 日菲律宾莱特岛泥石流灾害中的遇难者。及时抢救掩埋在泥石流中的人员非常重要，如果错过了救援的黄金时间，在泥浆中找到幸存者的概率将越来越低 （资料来源：新华社/ 路透社）

学生幸存了下来。一切都发生得太突然了，以至于村民们根本没有时间逃生，村中仅有3座房屋幸免于难。随着救援行动的进行和废墟的清理，死亡人数大幅度增加。一旦错过了救援的黄金时间，在泥浆中找到幸存者的概率也将越来越低。这场泥石流导致约400人丧生，2000 多人失踪，另有500多间房屋被掩埋。而该岛一共有居民2500 人，房屋不到600 间。

此次泥石流为什么会造成如此严重的伤亡？原因大致有三：第一，连续的暴雨是造成泥石流的主要原因；第二，由于连降暴雨，当地政府担心发生洪水和泥石流，曾经组织将当地村民疏散到安全地区避难，但是后来几天天气有所好转，白天放晴，夜晚才下起大雨，一些村民放松警惕、开始陆续返回家园，不料却遭遇了灭顶之灾；第三，当地村民在附近的山上乱砍滥伐，造成山体表面水土流失严重也是酿成这次灾难的一个原因。概括这次灾害的原因，正是：天灾、人祸，连续暴雨是祸首。

第三种触发因素是人为的不合理的开挖。多数情况下，发生滑动的岩土层面并不是一个无限长的理想平面，人们经常用尺度有限的凹形面来表示潜在的滑动面。重力作用下，上覆岩土体

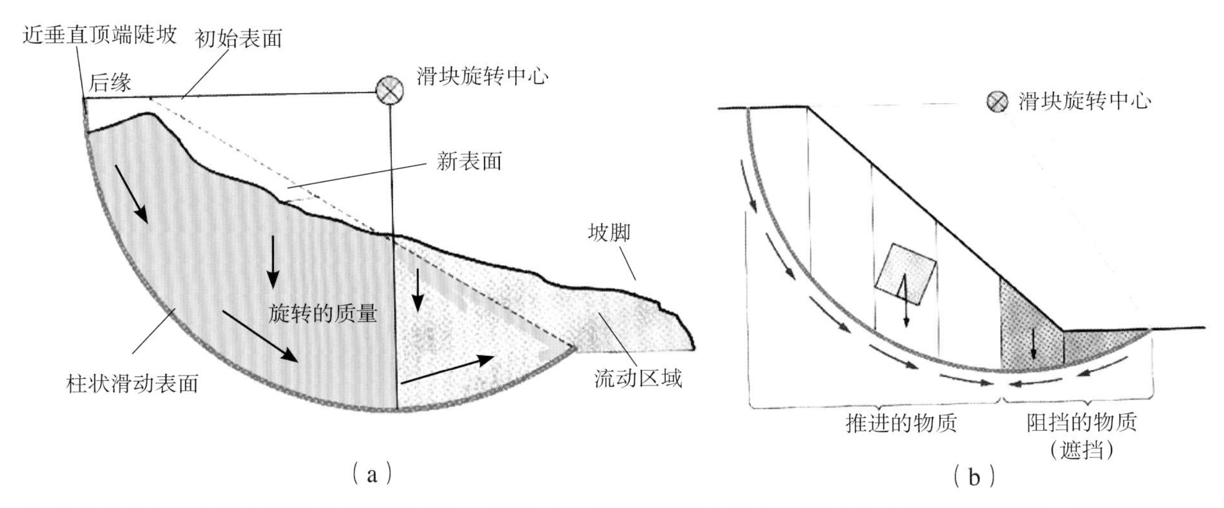

（a）山体中有一个潜在的滑动面（绿色线），正常时，山体处于稳定状态；（b）在山坡上建造房屋，或在滑动体前缘（坡脚）进行开挖，山体失稳，发生滑坡

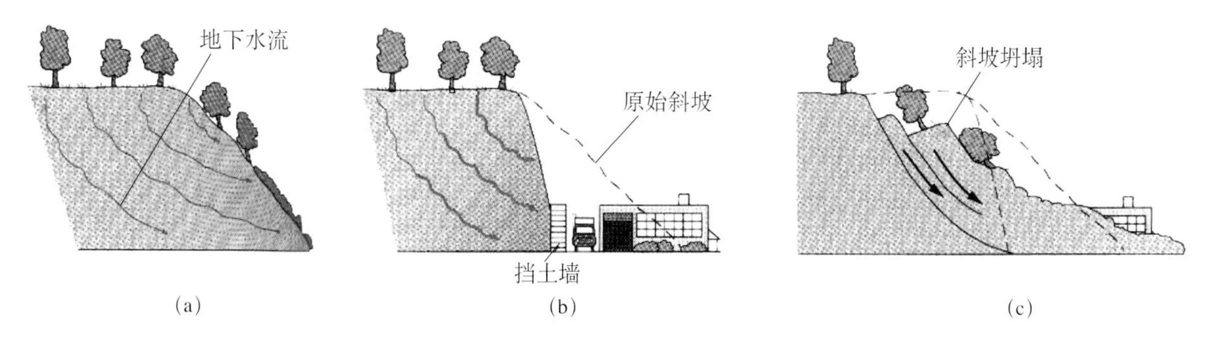

（a）原始的山坡，地下水的流动渠道，在山坡内形成了一些潜在的滑动面；（b）人工开挖山坡，形成山坡附近的平地，建筑房屋；（c）沿潜在的滑动面发生滑坡，掩埋建筑物

的质量使得其有一下滑的趋势。由于滑动面各处倾角不同，滑动有加速区域，也有减速区域，而且滑动前方有一阻碍体（坡脚，也叫坡趾）存在，整个山体处于稳定状态。但是，若在上覆岩土体上面增加载荷（如建一些建筑物或堆积许多重物），或在阻挡体处进行开挖，减少了阻挡作用，在这两种情况下，滑坡就有可能发生了。无论是哪种做法，都与人类的活动有关，因此，人类活动也是产生滑坡的原因之一。

紧急放置沙袋压脚，有效减缓了滑坡变形滑移，避免了一场灾难（四川丹巴，2005）。当滑坡仍在变形滑动时，可以在滑坡后缘拆除危房，清除部分土石，以减轻滑坡的下滑力，提高整体稳定性。清除的土石可堆放于滑坡前缘，达到压脚的效果（孙文盛教授提供）

认识到这个道理，反过来想，人类活动也可以防止滑坡产生，如减轻上覆岩土体的质量（头轻），增加坡脚的阻碍作用（脚稳）。产生滑坡的基本条件是斜坡体前有滑动空间，在加强阻挡作用时，可以减缓滑坡的产生。

据世界范围内不完全统计，人类每年约消耗500亿吨矿产资源，已超过大洋中脊每年新生成的岩石圈物质（约300亿吨）的数量，更大大高于河流每年搬运物质（约165亿吨）的数量。大型工程活动数量之多、规模之大、速度之快、波及面之广，举世瞩目。这集中反映出一个最基本事实：即人类作用已成为与自然作用并驾齐驱的营力，某些方面已超过自然地质作用的速度和强度，在当今全球变化中起着巨大的作用，成为影响环境的重要力量。

据《中国地质环境公报》（2001、2002）统计结果，近年来人为因素已成为引发突发性地质灾害的重要原因，全国地质灾害发生次数和死亡人数中有50%以上与人类工程经济活动有关，而且所占比例迅速增加。例如，贵州省2001年发生了17起突发性重大地质灾害，有10起与人类工程活动有关；广东省2001年人为因素造成的地质灾害达50起，占灾害发生总数的64.1%，2002年达到83%，死亡人数占总死亡人数的54%。引发突发性地质灾害的主要人类活动包括：切坡建房、采石采矿、修路、开挖坡脚、灌溉开挖水渠和乱垦乱伐等。

由于人类工程活动对地表地形的改造规模越来越大，人为活动引起滑坡的问题应引起格外的重视。

■ 雪崩

雪崩是一种所有雪山都会有的地表冰雪迁移过程。造成雪崩的原因主要是山坡积雪太厚。积雪经阳光照射以后，表层雪溶化，雪水渗入积雪和山坡之间，从而使积雪与坡面的摩擦力减

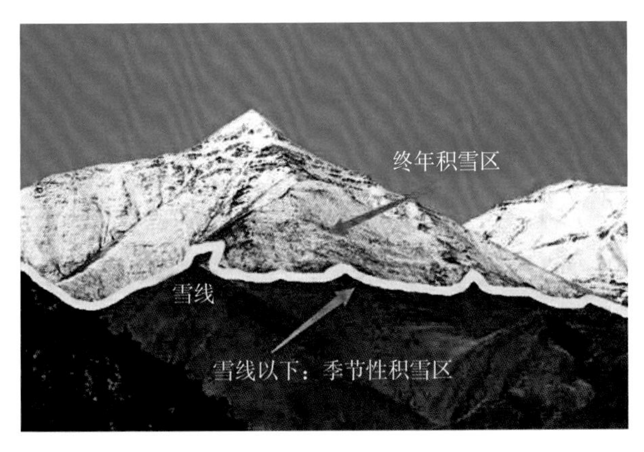

雪线。（a）雪线是常年积雪带的下界；（b）雪线以上年降雪量大于年消融量，形成常年积雪区；雪线以下，气温较高，全年冰雪的补给量小于消融量，不能积累多年冰雪，只能是季节性积雪区；在雪线附近，年降雪量等于年消融量，达到动态平衡。雪线高度从低纬向高纬地区降低，雪线高度也取决于年降水量的多少。在青藏高原，雪线附近的年降水量为500～800mm，雪线高5500～6000m；阿尔卑斯山脉雪线附近的年降水量达2000mm，雪线高度仅2700m左右。雪崩是积雪山区的一种严重自然灾害

小；与此同时，积雪层在重力作用下，开始向下滑动。积雪大量滑动造成雪崩。积雪山坡上，重力一定要将积雪向下拉，而积雪的内聚力却极力把雪留在原地。当内聚力抗拒不了重力时，雪崩就发生了。

雪崩首先从覆盖着白雪的山坡上部开始。先是出现一条裂缝，接着，巨大的雪体开始滑动。雪体在向下滑动的过程中，迅速获得速度，向山下冲去。最大的雪崩速度可达100m/s（12级的风速才为33～35m/s），速度极大。雪崩具有突然性、运动速度快、破坏力大等特点。它能摧毁大片森林，掩埋房舍、交通线路、通信设施和车辆，甚至能堵截河流，发生临时性的涨水，同时，它还能引起山体滑坡、山崩和泥石流等可怕的自然现象。因此，雪崩被人们列为积雪山区的一种严重自然灾害。

比起泥石流、洪水、地震等灾难发生时的狰狞，雪崩真的可以形容为美得惊人。雪崩发生前，大地总是静悄悄的，雪崩美丽的背后隐藏的是可以摧毁一切的恐怖。雪崩的威力被称为“白色妖魔”。雪崩的冲击力量是非常惊人的。它会以极快的速度和巨大的力量卷走眼前的一切。有些雪崩会产生足以横扫一切的粉末状摧毁性雪云。雪崩是自然界中非常受人们关心的现象，法国哲学家伏尔泰说过：“雪崩时，没有一片雪花觉得自己有责任（No snowflake in an avalanche ever feel responsible）”。实际上雪崩的产生原因与人类活动有很大的关系

大多数的雪崩都发生在冬天或者春天降雪非常大的时候。雪崩的严重程度取决于雪的体积、温度、山坡走向，尤其重要的是坡度。最可怕的雪崩往往产生于倾斜度为25°～50°的山坡。如果山势过于陡峭，就不会形成足够厚的积雪，而倾斜度过小的山坡也不太可能产生雪崩。

雪崩对高山探险的威胁最为经常也最为惨烈。探险队伍在高山探险遇到雪崩时，常常会造成整个队伍的“全军覆没”。第一次世界大战的时候，意大利和奥地利在阿尔卑斯山地区打仗，双方死于雪崩的人数不少于4万。双方经常有意用大炮轰击积雪的山坡，制造人工雪崩来杀伤敌人。后来有个奥地利军官在回忆录里感叹地说：“冬天的阿尔卑斯山，是比意大利军队更危险的敌人。”

2012年3月3日，20多名滑雪爱好者前往中国黑龙江省五常市大秃顶子山滑雪，意外遭遇雪崩，一位编号为“007”的申姓滑雪者死亡 。该名遇难者为中国滑雪史上遭遇雪崩第一人。

1970年秘鲁大雪崩是20世纪十大自然灾害之一。秘鲁是一个多山的国家，山地面积占全国总面积的一半，著名的安第斯山脉的瓦斯卡兰山峰就在秘鲁，山体坡度较大，峭壁陡峻。山上长年积雪，“白色死神”常常降临于此。1970年5月31日，这里发生了一次地震，由地震诱发了一次大规模的巨大雪崩。

在雪的内聚力与重力几乎相当的临界状态下，雪崩在很大程度上还取决于人类活动。公元前218年，迦太基名将汉尼拔奉命远征罗马帝国，他统率步兵38000人，骑兵8000人和大象37头，在10月底翻越积雪的阿尔卑斯山。在阿尔卑斯山上遭遇雪崩共牺牲兵士18000名，战马2000匹，有几头非洲大象也葬身在雪海之中

1970年5月31日，秘鲁安第斯山脉的瓦斯卡兰山峰附近发生了地震，诱发了一次大规模的巨大雪崩。在瓦斯卡兰山下，有一座容加依城，当雪崩刚刚发生之时，容加依城正遭到地震厄运的袭击，人们正在忙着抢救自己的亲人，有的准备逃离危险之地以躲避灾祸。这时，带着强大冲击力的气浪迎面袭来，把人们全部推倒在地。顷刻，巨大的冰雪巨龙呼啸而至，大多数人被压死在冰雪体之下。快速行进中的冰雪巨龙，形成的强大空气压力，使许多人窒息而死

地震把山峰上的岩石震裂、震松、震碎，瞬时，冰雪和碎石犹如巨大的瀑布，紧贴着悬崖峭壁倾泻而下，几乎以自由落体的速度塌落了900m之多。强大冰雪流以极高的速度急驰而下，犹如一条非常巨大的冰雪巨龙，以每小时300～400km的速度，疯狂地向山下冲去。在强大气浪的震动和冲击下，沿途的积雪纷纷落下，汇成的冰雪巨龙越来越大。崩塌而来的雪量已达到了3000万m^3，其中携带着数以百万立方米的岩石碎屑，形成高达近百米的龙头，继续呼啸着向山下河谷、城镇冲去。一路所过，河流被截，道路被堵，城镇摧毁，农田被淹……

地震、雪崩、泥石流，给秘鲁人造成了惨重的损失。这场大雪崩所形成的冰雪巨流横扫了14.5km的路程，受灾面积达23km^2，将瓦斯卡兰山下的容加依城全部摧毁，在地震中死亡1.2万

人，由地震引发的雪崩造成2万多人死亡，由地震引发的泥石流造成约2万人死亡，合计死亡达5.2万人之多，造成的经济损失竟达5亿多美元。

在雪崩中，更可怕的是雪崩前面的气浪。因为雪崩从高处以很大的势能向下运动，会形成一层气浪,有些类似于原子弹爆炸时产生的冲击波，气浪所到之处，房屋被毁、树木消失、人会窒息而死。因此有时雪崩体本身未到而气浪已把前进路上的一切阻挡物冲得人仰马翻。1970年的秘鲁大雪崩引起的气浪，把地面上岩石碎屑吹到了天上，竟然“叮叮咚咚”地下了一阵“石头雨”。

对雪崩可以采取人工控制的方法加以预防。人们总结了很多经验教训后，对雪崩已经有了一些防范的手段。比如对一些危险区域发射炮弹，实施爆炸，提前引发积雪还不算多的雪崩，设专人监视并预报雪崩等。如阿尔卑斯山周边国家都在容易发生雪崩的地区成立了专门组织，设有专门的监测人员，探察它形成的自然规律及预防措施。

触发滑坡的因素

触发因素	主要作用机理			
	增大下滑力		减小抗滑力	
1. 坡脚处的下切作用或人为的深开挖工程活动	◎	③	●	②
2. 坡脚处的侧蚀作用或人为的扩展、拓宽场地			●	②
3. 坡脚处的冲刷作用或人为的采石、取土、减载			●	②
4. 斜坡上的各种自然堆积作用（滑坡、崩塌等）	●	④		
5. 植树造林	●	④		
6. 斜坡上的人为加载作用（建设物、车辆、机械设备、堆碴、堆土等）	●	④		
7. 地震	○	④ ⑤	◎	③ ⑤
8. 人为的动载荷（爆破作业、行车和机器振动等）	○	③	◎	③
9. 暴雨			◎	⑦ ⑧
10. 霪雨	◎	④	◎	⑥
11. 地下水补给	●	① ④	●	⑥
12. 融雪水	◎	④	◎	①
13. 各种地表水（渗入）	◎	④	◎	①
14. 地下水通道堵塞	●	① ④	●	⑥ ⑦ ⑧
15. 潜蚀作用			●	①
16. 溶蚀作用			●	①
17. 坡前地表水体（江、湖、海、库）水位上升	●	① ④	○	⑨

续表

触发因素	主要作用机理			
	增大下滑力		减小抗滑力	
18. 坡前地表水体（江、湖、海、库）水位下降	●	⑧		
19. 地下洞室的开挖、采空			◎	① ② ③
20. 火山岩浆室充气，放气和谐振	●	④	●	② ③ ⑨
21. 溶洞气体因洞口被水体封闭、压缩	●	④		
22. 风化作用	◎	① ②	●	③
23. 干、湿反复交替			◎	① ③
24. 冷、热反复交替			●	③
25. 冻、融交替			●	① ③ ⑥

注：
●直接发生作用；◎间接发生作用，○在特定作用下还产生相反作用，即增加坡体稳定性；
①减小抗剪强度；②削弱抗滑段；③破坏坡体完整性（增大、扩大节理裂隙）；④增大坡体质量（滑动面上的切向分力）；⑤液化作用；⑥增大孔隙水压力；⑦增大静水压力；⑧增大动水压力；⑨增大对滑坡体的顶托力（如水的浮托力、压缩气体的顶托力）等

（本表为刘希林教授提供）

■ 泥石流及其形成条件

泥石流是介于流水与滑坡之间的一种地质作用。典型的泥石流由悬浮着粗大固体碎屑物并富含沙石及黏土的黏稠泥浆组成。在适当的地形条件下，大量的水体浸透山坡中的固体堆积物质，使其稳定性降低，饱含水分的固体堆积物在自身重力作用下发生运动，就形成了泥石流。泥石流是一种灾害性的地表过程。泥石流经常突然暴发，来势凶猛，可携带巨大的石块，并以高速前进，具有强大的能量，破坏性极大。

泥石流经常发生在峡谷地区和地震火山多发区，在暴雨期具有群发性。世界上有50多个国家存在泥石流的潜在威胁，其中比较严重的有哥伦比亚、秘鲁、瑞士、中国和日本。最近几十年，几起大型泥石流形成了重大灾难，给人类生命财产造成严重损害。1985年，哥伦比亚的鲁伊斯火山泥石流，以每小时50km的速度冲击了近3万km^2的土地，其中包括城镇、农村、田地，哥伦比亚的阿美罗城成为废墟，造成2.5万人、15万家畜死亡，13万人失去家园，经济损失高达50亿美元。1998年5月6日，意大利南部那不勒斯等地区突然遭到非常罕见的泥石流灾难，造成100多人死亡，200多人失踪，2000多人无家可归，许多人被泥石流无声无息地淹没、冲走，甚至连呼救的机会都没有。1999年12月16日凌晨，委内瑞拉阿拉维山北坡受到暴雨袭击，加勒比海沿岸6座旅游城市同时被群发性泥石流冲毁，死亡了3万余人，直接经济损失100多亿美元。

泥石流的形成必须同时具备地形、松散固体物质和水源三个条件，三者缺一不可。

孕育泥石流的流域一般地形陡峭，山坡的坡度大于25°，沟床的坡度不小于14°。巨大的相对高差使得地表物质处于不稳定状态，容易在外力触发（降雨，冰雪融化，地震等）作用下，发生向下的滑动，形成泥石流。

泥石流流域的斜坡或沟床上必须有大量的松散堆积物，才能为泥石流的形成提供必要的固体物质。作为泥石流主要成分之一的固体物质的来源有：滑坡、崩塌的堆积物，山体表面风化层和破碎层，坡积物，冰积物以及人工工程的废弃物等。

水不仅是泥石流的重要组成部分，也是决定泥石流流动特性的关键因素。夏季暴雨是泥石流最主要的水源，其次的水源来自冰雪融化和水库溃坝等。

当大量的地表水在沟谷中流动时， 地表水在沟谷的中上段浸润、冲蚀沟床物质，随冲蚀强度加大，沟内某些薄弱段的块石等固体物松动、失稳，被猛烈掀揭、铲刮，并与水流搅拌而形成泥石流。当大量的降雨在山坡上奔流的时候，山坡坡面土层在暴雨的浸润击打下，土体失稳，沿斜坡下滑并与水体混合，侵蚀下切而形成悬挂于陡坡上的坡面泥石流。更多的时候，是上面两种情况的组合，沟谷下面冲蚀，山坡上面滑落，这就是泥石流的产生过程。从泥石流产生过程来看，连续的暴雨是造成泥石流的自然原因，而滥砍滥伐森林，造成山体表面水土流失严重，是酿成泥石流灾难的人为原因之一。

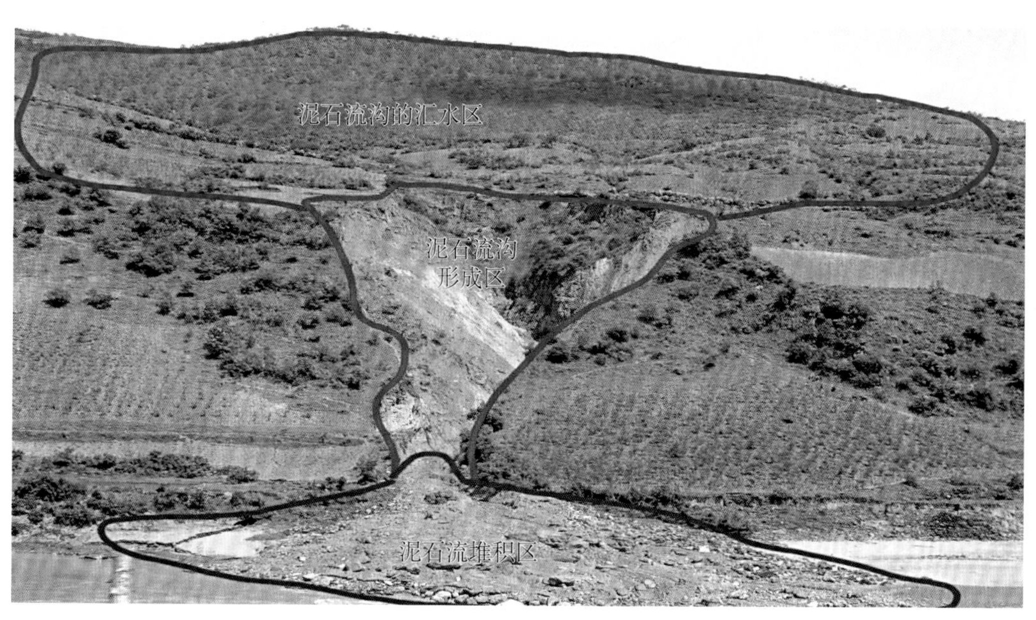

泥石流沟谷的分区。泥石流活动三过程：形成—输移—堆积。一个完整的泥石流流域可以分为形成区、流通区和堆积区。泥石流的发生发展过程也相应地分成形成过程、输运过程和堆积过程（孙文盛教授提供）

泥石流活动可以分为三个过程：形成—输移—堆积。在形成区，大量积聚的泥沙、岩屑、石块等，在水分的充分浸润饱和下，沿着斜坡（更主要是沿着谷地），开始形成石、土和水的混合流动；一个活跃的泥石流形成区可以由简单的单向发展为树枝状多向。在流通区，泥石流主要限于坡度较缓的山谷地带，在发展过程中相对稳定。堆积区，多是地形较为开阔的地区，这里泥石流流速变慢，发生堆积；堆积区由于流域内来沙量的增长而不断扩展，进逼泥石流的下游，经常淹没或堵塞河道，造成原来的河道改道和变形。

泥石流的形成、发展和堆积是地表一次破坏和重新塑造的过程。

■ 泥石流的成分和密度

泥石流中固体物质的大小不一，大的石块可在10m以上，小的泥沙颗粒只有0.01mm，大小颗粒粒径相差10^6倍! 泥石流中固体物质的体积比例变化范围很大，小至20%, 大到80%，因此泥石流的密度可以高达1.3～2.3t/m^3。

四川盐源塘房沟泥石流中固体颗粒有大有小，其中，最大的石块直径达3m（来源：崔鹏提供）

如果把泥石流中的固体物质叫作“石”，把含水的黏稠泥浆叫作“泥”，那么泥石流按其“泥”和“石”的相对比例，可分成三类：

一是黏性泥石流，“泥”少“石”多，一般固体物质占级 40%～60%，最高达 80%。在此类泥石流中，水不是搬运介质，而是组成物质。这类泥石流稠度大——石块呈悬浮状态，暴发突

甘肃礼县西汉水——鱼翅坝泥石流中固体物质比较均一，颗粒较细（来源：崔鹏提供）

黏性泥石流中，“泥”少“石”多，稠度大——石块呈悬浮状态，暴发突然，持续时间短，破坏力大（黄润秋教授提供）

然，持续时间短，破坏力大。

二是稀性泥石流，“泥”多“石”少，以水为主要成分，黏性土含量少，固体物质级占10%～40%，有很大分散性。水为搬运介质，石块以滚动或跃移方式前进，具有强烈的下切作用。稀性泥石流有时也称为“泥流”。

稀性泥石流“泥”多“石”少，以水为主要成分，黏性土含量少，固体物质级占10%～40%，有很大分散性。水为搬运介质（黄润秋教授提供）

三是“泥”和“石”比例大体相当，由大量黏性土和粒径不等的砂粒、石块组成，叫过渡性泥石流。

过渡性泥石流的“泥”和“石”比例大体相当，由大量黏性土和粒径不等的砂粒、石块组成。（来源：谢洪）

泥石流的密度从整体上表征了泥沙石块和水的组合特征。

泥石流的密度从整体上表征了泥沙石块和水的组合特征。

泥石流分类	固体物质比例	密度范围/（t/m^3）	流动性
稀性泥石流	10%～40%	1.3～1.6	强
黏性泥石流	40%～60%	1.8～2.3	弱
过渡性泥石流	40%～50%	1.6～1.8	中等

以上分类是我国最常见的几种分类。除此之外还有多种分类方法。如按泥石流的成因分类有：冰川型泥石流，降雨型泥石流；按泥石流沟的形态分类有：沟谷型泥石流，山坡型泥石流；按泥石流流域大小分类有：大型泥石流，中型泥石流和小型泥石流；按泥石流发展阶段分类有：发展期泥石流，旺盛期泥石流和衰退期泥石流，等等。

■ 尾矿溃坝和渣土受纳场滑坡

2008年9月8日，山西省襄汾县新塔矿业有限公司尾矿库发生特别重大溃坝事故。尾矿，是从磨碎的矿石中提出有用成分后的剩余矿浆，里面含有大量的泥浆与矿渣。山西襄汾新塔矿业尾矿坝坐落在一条山沟的上游，从垮塌处到山底长约2km，宽约数百米。

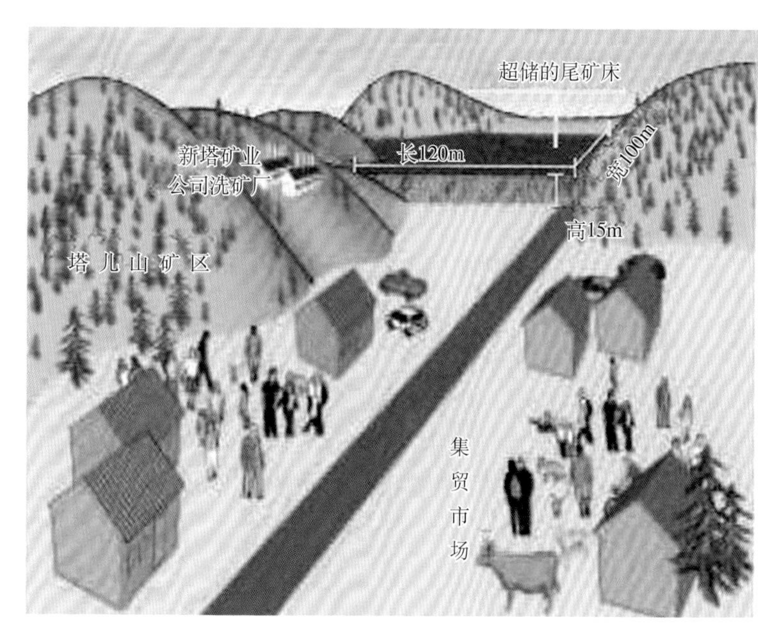

2008年山西省襄汾县尾矿库溃坝事故示意图

发生事故的尾矿坝高约20m，尾坝库容18万m^3，其坐落的山体与地面落差近100m。尾矿坝的下游已经全部被泥石流淹没，事故泄容量26.8万m^3，过泥面积30.2ha，波及下游500m左右的矿区办公楼、集贸市场和部分民宅，造成277人死亡、4人失踪、33人受伤，直接经济损失达9619.2万元。

溃坝前9天时间里，襄汾县境内未有降雨，溃坝不是天气原因造成的。尾矿库坝超高、超期使用、坝体失稳是溃坝的主要原因。经由国务院调查组调查认定，此次事故是一起违法违规生产导致的重大责任事故。事故发生后，相关责任人员受到严肃处理。

尾矿库溃坝产生大量的泥石流，图为过泥路径上的汽车

2015年12月20日深圳市（恒泰裕工业集团后侧）一处渣土受纳场发生一起山体滑坡事故。经初步核查，此次滑坡事故共造成22栋厂房被掩埋，涉及15家公司；69人遇难，8人失联。

“12·20”特别重大滑坡事故事发原因初步断定是临时余泥渣土受纳场违规作业，受纳泥浆漫溢，冲出山体，冲进靠近山体的恒泰裕工业园。这次事件震惊中外，引发社会各界关注灾害发生原因。据相关部门初步认定，系由余泥渣土受纳场堆积量大、堆积坡度过陡，导致失稳垮塌引发事故。

2015年12月20日11时40分，深圳市恒泰裕工业园附近渣土受纳场由于堆积量大、堆积坡度过陡，发生滑坡。造成33栋建筑物被掩埋或不同程度受损，69人遇难，8人失联。专家认为，这是一次人为的滑坡事件

滑坡、泥石流的分布和危害

滑坡、泥石流在我国分布十分广泛。特别是斜贯我国中部的辽、京、冀、晋、陕、甘、鄂、川、滇、贵、渝等省（区、市），地处中国西部高原山地向东部平原、丘陵的过渡地带，区域内地形起伏变化大、河流切割强烈、暴雨集中，加之人类对天然植被的严重破坏和广泛的改造地表斜坡、搬运岩土等活动，导致滑坡、泥石流特别发育，且分布密度大，活动频繁，是我国滑坡、泥石流等灾害最严重的地区。

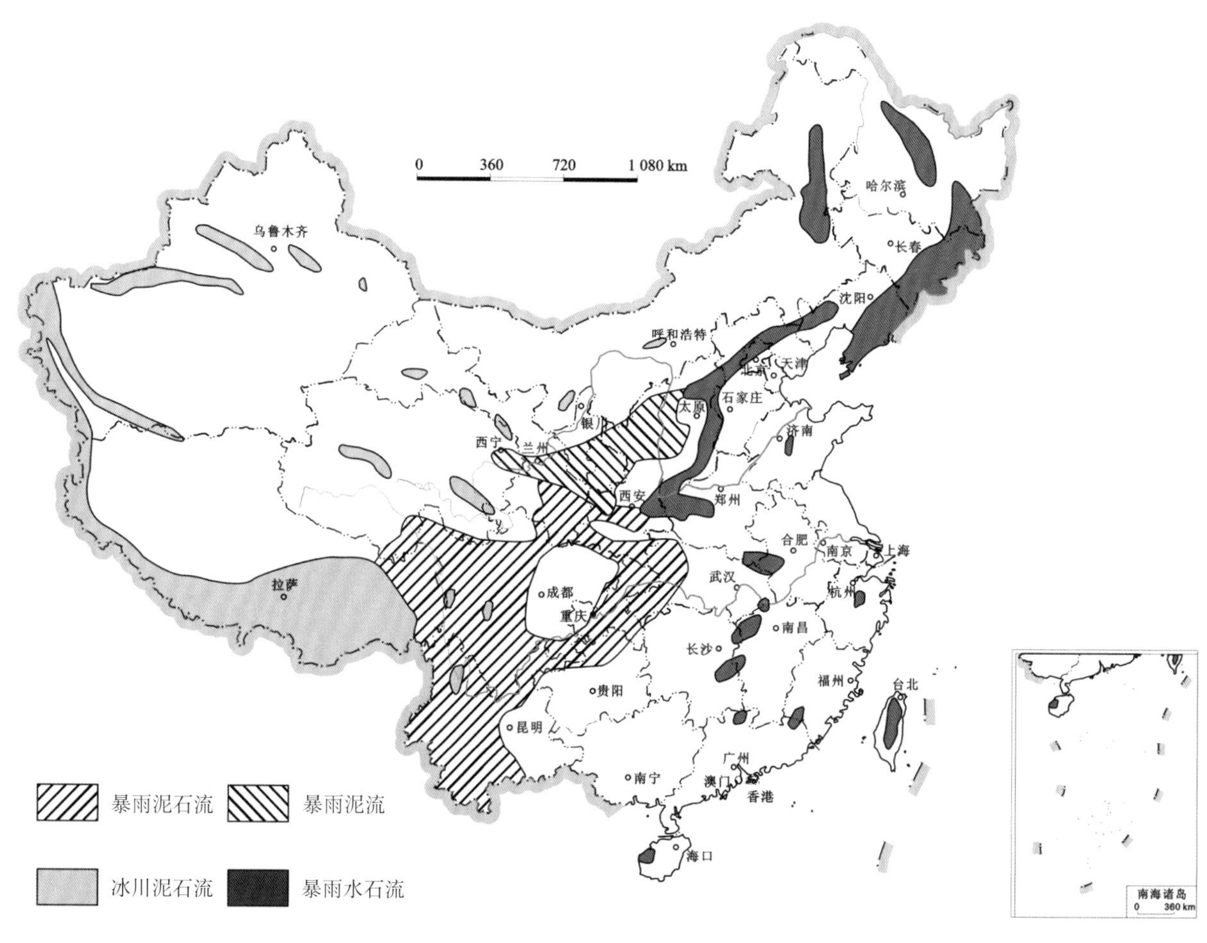

中国泥石流分布图（资料来源：崔鹏提供）

我国滑坡和泥石流的分布明显受地形、地质和降水条件的控制。在地形方面，滑坡和泥石流主要分布在山区；在地质方面，主要分布在较软弱或风化严重的岩石地带；而且多与降雨有关，多发生在雨季和暴雨、大暴雨的时候。滑坡和泥石流多与地震、火山喷发以及人为活动有关，在地震区和重大工程地区，滑坡和泥石流也容易发生。

滑坡和泥石流在全世界都有广泛的分布。

亚洲的山区面积占总面积的3/4，地表起伏巨大，为滑坡和泥石流形成提供了巨大的能量和良好的能量转化条件，分布密集或较密集的国家有中国、哈萨克斯坦、日本、印度尼西亚、菲律宾、格鲁吉亚、印度、尼泊尔、巴基斯坦等近20 个国家。

欧洲的山地主要集中于南部，高耸、陡峭，多火山、地震，降水丰富，冰雪储量大，滑坡和泥石流分布广泛。其中意大利、瑞士、奥地利、法国、斯洛伐克、罗马尼亚、保加利亚、南斯拉夫、俄罗斯等十余个国家有泥石流密集或较密集分布。

北美洲西部为高原和山地，属高耸、陡峭的科迪勒拉山的北段，地震强烈，火山活动频繁，降水丰富，滑坡和泥石流分布广泛。其中美国、墨西哥、加拿大、危地马拉等七八个国家有泥石流密集或较密集分布。

南美洲西部为陡峭、高耸的科迪勒拉山的南段，火山活动频繁，地震强烈，有足够的降水和冰雪融水，泥石流分布广泛，危害严重，其分布密度和活动强度仅次于亚洲。其中委内瑞拉、哥伦比亚、秘鲁、厄瓜多尔、圭亚那、玻利维亚、阿根廷等国有泥石流密集或较密集分布。

非洲为一高原型大陆，降水由赤道向南北两侧逐渐减少，因此泥石流也由赤道（尤其在沿海地带）向两侧减少，滑坡和泥石流整体活动强度较低，报道也较少。

大洋洲，即大洋中的陆地，由一万多个大小不同的岛屿组成，除澳大利亚面积较大外， 其余岛屿面积较小，泥石流活动强度较低。

滑坡和泥石流是一种灾害性的地质现象，它们暴发突然，来势凶猛，很短时间内造成巨大数量的地表物质快速运动，具有强大的能量，因而破坏性极大。

■ 2008 年汶川地震引发的滑坡和泥石流

2008 年5 月12 日，汶川地震在四川省龙门山地区发生，震级8.0。龙门山地处青藏高原东缘，为高山峡谷形地貌。8.0 级地震引发了大量滑坡、塌方、泥石流等严重的灾害。大面积的山体滑坡堵塞河道形成较大堰塞湖35处，造成的人员伤亡非常惨重。地震引发的滑坡和泥石流灾害损失几乎与地震灾害损失相当，这在整个历史上都是极为少见的。龙门山滑坡产生的主要原因是地震，汶川地震前后并没有降雨，因此水在滑坡中不是主要的因素。

汶川县映秀镇是汶川地震中受灾最严重的地方之一。图中给出了映秀镇沿岷江的一段5km山体滑坡的景象（资料来源：郭华东提供图片）

汶川地震引起的泥石流

汶川地震（8.0 级）发生在山高谷深的龙门山地区，引发了无数的滑坡和泥石流，远处看去，山川都变了颜色

2012年，日本北海道一次地震引起大规模滑坡和泥石流，整个山区变了颜色

■ 危害交通安全

中国有近50 条铁路干线经过滑坡和泥石流分布的区域。1949 年以来，先后发生中断铁路运行的泥石流灾害300余起，有33座车站被淤埋。在我国的公路网中，以川藏、川滇、川陕、川甘等线路的泥石流灾害最严重，仅川藏公路沿线就有泥石流沟1000余条，先后发生泥石流灾害400余起，每年因泥石流灾害阻碍车辆行驶时间约1～ 6个月。

滑坡和泥石流对公路运输造成的危害，数目极多，但影响规模比较局限。

2010 年4 月25 日，台湾一条交通要道——“北二高”基隆段发生山体滑坡，倾泻而下的土石压垮了一座高架桥

滑坡和泥石流对一些河流航道造成的危害，要严重得多。如，金沙江中下游、雅砻江中下游和嘉陵江中下游等，滑坡和泥石流及其堆积物是这些河段通航的最大障碍。

1985年长江新滩发生大滑坡。新滩属于湖北省秭归市，其位于长江西陵峡上段兵书宝剑峡出口。滑坡发生于1985年6月12日凌晨，总体积约2000万m^3的滑坡体冲入长江，滑坡体堵塞了1/3的江面，河床最低点高程由22.5m上升至37.5m，长江被迫停航12天。形成的滑坡涌浪在对岸爬高为49m，向上下游传播中击毁、击沉木船64只、小型机动船13艘，造成10名船上人员死亡。公元1542年，《秭归县志》记载：“元月二十日，青滩（新滩古名）山崩五里许，巨石腾壅，闭塞江

2013年8月2日凌晨，位于云南昭通市的内昆铁路四川内江至贵州六盘水段大关站至曾家坪子站区间发生山体滑坡，造成铁路运输中断，导致40余趟列车停运，30余趟列车绕行

2016年5月23日，抢险人员在清理塌方。受连日来强降雨天气影响，5月22日傍晚6时许，S11平汝高速桂东县沙田镇水庄村附近发生大面积山体滑坡，大约2.6万土石方垮塌在高速公路桥面上，桥梁上部结构发生水平位移约2m

（郭兰胜摄）

流，压民房百余家”。据史书记载，该滑坡堵江达82年之多，直至（明1624年天启四年）才疏通。1985年的大滑坡摧毁了位于其前缘的新滩古镇，但由于准确的检测和及时预报，提前撤离，无人伤亡，被《文汇报》称为“了不起的世界奇迹”。

1985年新滩大滑坡，约2000万m^3的滑坡体冲入长江，致使断流12天。1542年的滑坡堵江达82年之久，直至明朝天启四年（1624年）才疏通

一旦滑坡和泥石流冲入河流的河道，就会阻碍河水流动。当冲入的滑坡体和泥石流足够多时，会完全中断河流，在河流的上游形成堰塞湖。堰塞湖是由于河川的河道受到阻碍，河水无法流出，慢慢累积而形成的湖泊。西藏的易贡湖就是由于大型滑坡阻塞了易贡藏布河道而形成的。

2000年春，西藏易贡藏布河沿岸发生大滑坡崩塌（图中紫色部分），致使易贡藏布河堵塞，形成大型的堰塞湖（图中蓝色部分）（资料来源：黄润秋提供图片）

1933年8月25日，今天的四川省阿坝藏族羌族自治州茂县附近，发生7.5级强烈地震，震中在茂县北部叠溪。这个处于青藏高原东部边缘的叠溪羌城，自古就是兵家必争之地的叠溪重镇，被地震从地图上彻底抹掉了，它的名字只保留在地震的历史记录当中。

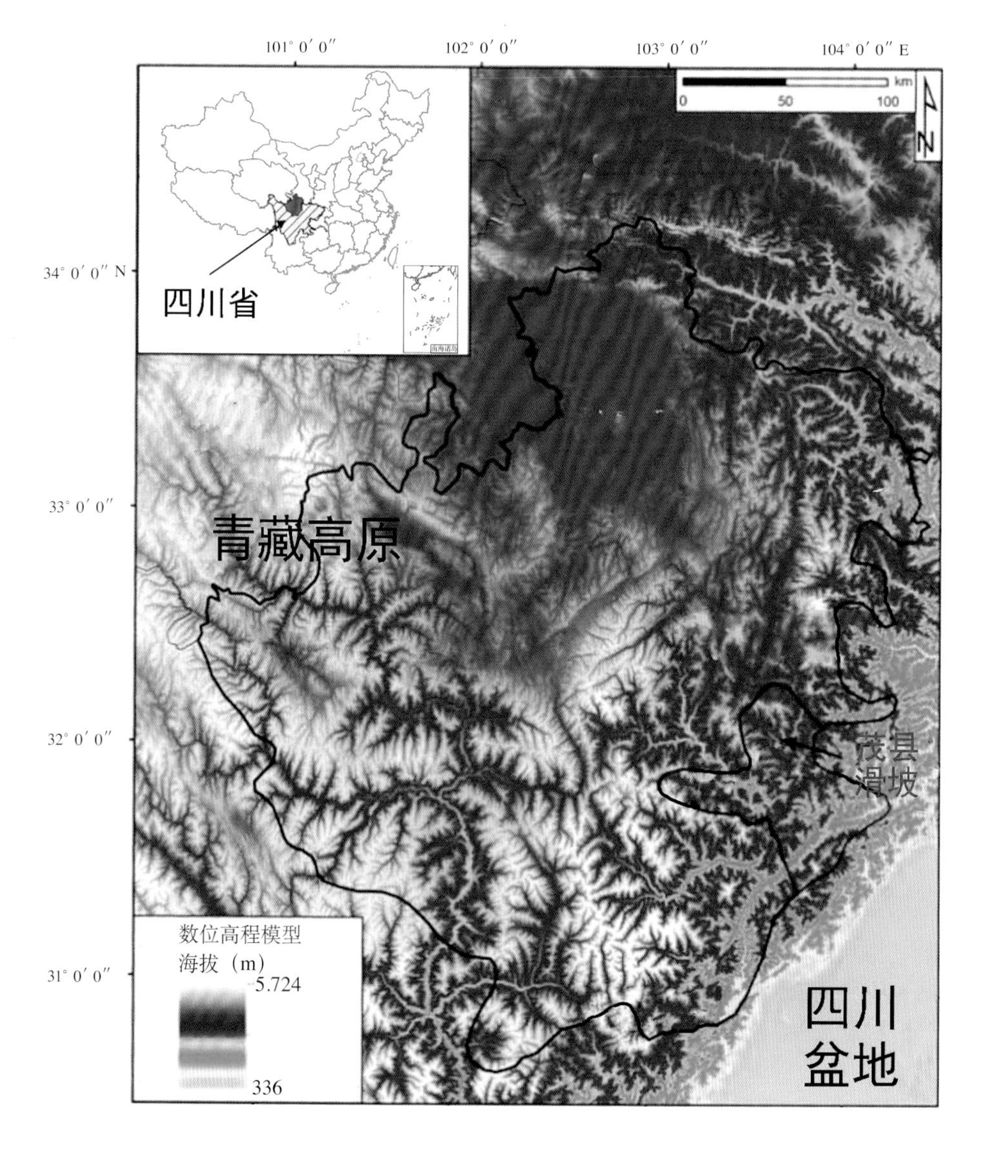

茂县叠溪大滑坡。1933年8月25日，在今天四川省阿坝藏族羌族自治州茂县附近发生7.5级强烈地震，震中在处于青藏高原东部边缘的茂县北部叠溪羌城，这里自古就是兵家必争之地的重镇，被这次地震从地图上彻底抹掉了。从此，“叠溪”这个名字只保留在地震的历史记录当中

1933年茂县7.5级强烈地震，导致了岷江沿岸多处大型滑坡，崩下的岩石将岷江堵塞，顿时出现了三大埝坝（堰塞湖）。岷江主流断流，银瓶崖埝坝以上的江水被迫返回上游，挟沙石倒涌，4天后水位上升300余m。淹没了大量的田地和房屋。于是高山峡谷中出现一片平湖（堰塞湖），逶迤达30华里，宽约4华里。

震后一个多月，10月9日，叠溪堰塞湖瀑溃，积水倾泻涌出，浪头高达7m，壁立而下，浊浪排空，急流以30km/h的速度急涌茂县、汶川，沿河两岸被峰涌洪水一扫俱尽，临近地区均受巨

1933年茂县7.5级地震形成的堰塞湖

灾，伤亡近万人。

人类在影响和改变地质环境的同时，也在影响和改变着水圈—生物圈环境。其中最为典型的表现就是森林的集中过度采伐，导致采充失调、森林生态系统遭到破坏。其结果一方面是加剧水土流失；另一方面则使地质环境失去了良好的庇护，加速了环境的退化，致使滑坡、泥石流等地质灾害频繁发生。

岷江上游五县（理县、松潘、黑水、汶川、茂县），在元朝时森林覆盖率为50%左右，新中国成立初期为30%，20 世纪70 年代末降至18.8%。森林生态系统遭到极大破坏，出现干热河谷景象。尽管目前森林覆盖率有所上升，但生态系统已难以恢复。1981 年岷江上游五县雨季暴发的129 起泥石流，都与流域内森林过度采伐而破坏生态系统有直接关系。

水量丰富的岷江流经四川西部阿坝藏族羌族自治州茂县境内的高山峡谷。1933 年四川茂县发生7.5 级大地震，引起大型滑坡，造成巨大损失。2006年，茂县周仓坪滑坡再次危害公路，堵塞岷江

预防和减轻灾害

滑坡和泥石流灾害的防治要结合边坡失稳的因素和滑坡形成的内外部条件，贯彻“及早发现，预防为主；查明情况，综合治理；力求根治，不留后患”的原则。

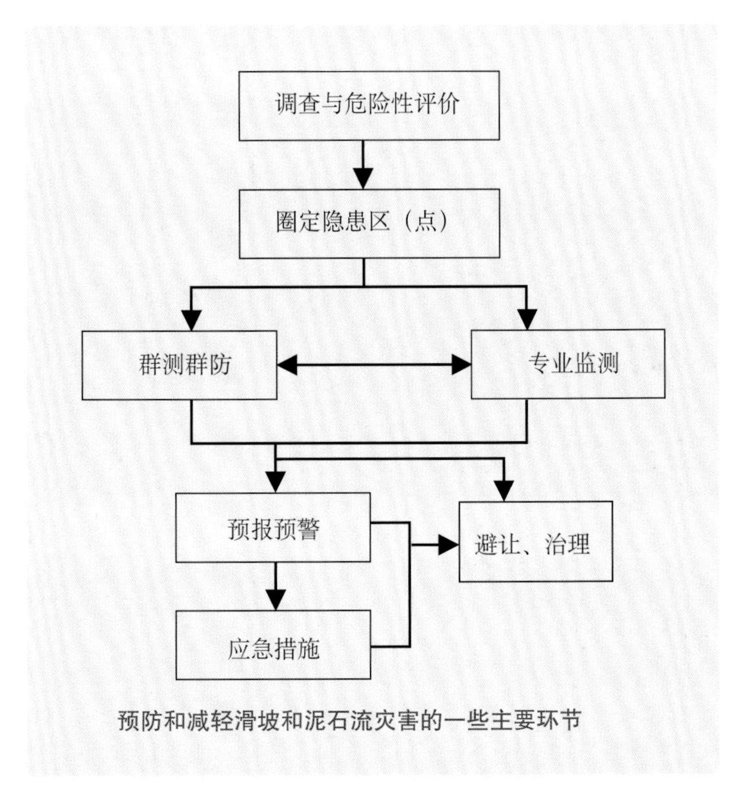

预防和减轻滑坡和泥石流灾害的一些主要环节

首先，根据滑坡和泥石流产生的条件和造成灾害的机理，判断哪些地点可能发生滑坡和泥石流，估计造成灾害的大小和灾害的频度（图中的“调查与危险性评价”，“圈定隐患区（点）”）；其次，尽可能避开那些危险区和危险点（“避让”），实在避不开的，要采取工程措施进行治理（“治理”）；对于生活在滑坡和泥石流可能发生地区附近的居民，要密切监测滑坡和泥石流的发展动态。因为它们都有一个发展的过程，都有发生的前兆，通过“专业监测”、“群测群防”、“预测预警”，可以在灾害发生之前，组织当地居民及时撤离，最大限度减少人员伤亡；如果未能事先作出预测，一旦灾害发生，千万不要惊慌失措，要按照事先准备好的应急预案，采取“应急措施”。

预防、减轻滑坡和泥石流灾害的措施，也可以按灾害前、灾害时和灾害后加以分类。

■ 灾害前：预防为主，避让与治理相结合

从避免灾害角度，选择安全建设场地。在山区划分滑坡和泥石流的危险区和安全区，在危险地段设立警示牌，避开在危险区进行工程建设，将危险区内的人员和设施搬至安全地带。建设场地首先应选择平缓的平地，尽可能避开江、河、湖（水库）、沟切割的陡坡。实在避不开的，要设立防护工程。建立泥石流预测点，开展监测和预警工作。

从避免灾害角度，选择安全建设场地。在山区，实在避不开山坡时，房屋可选择反向坡坡上、坡下（孙文盛教授提供）

村庄避免直接坐落在沟谷口，以防泥石流灾害（孙文盛教授提供）

防治滑坡的工程措施很多，归纳起来：一是消除或减轻水的危害；二是改变滑坡体的外形，设置抗滑建筑物。

消除或减轻水的危害是整治滑坡和泥石流不可缺少的工程措施，而且应是首先采取并长期运用的措施。

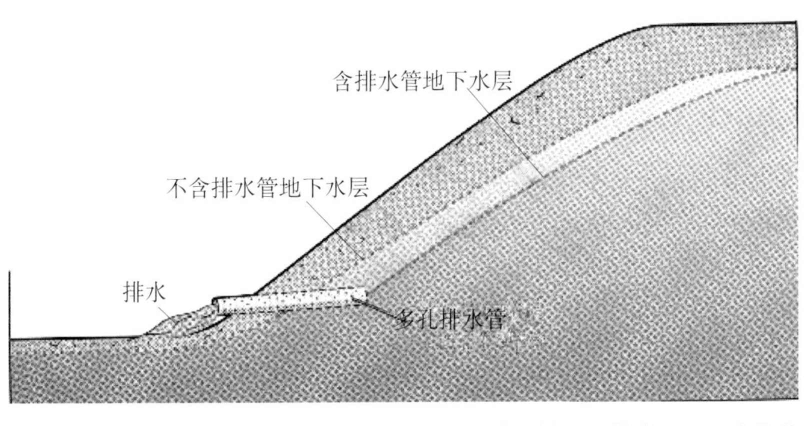

消除或减轻水的危害是整治滑坡和泥石流不可缺少的工程措施，而且应是首先采取并长期运用的措施。其目的在于拦截、旁引滑坡区外的地表水，避免地表水流入滑坡区内；或将滑坡区内的雨水及泉水尽快排除，阻止雨水、泉水进入滑坡体内。主要工程措施有：设置滑坡体外截水沟；滑坡体上地表水排水沟；设置引泉工程，做好滑坡区的绿化工作等。采取合理的排水措施，从而增加摩擦阻力，是预防滑坡的工程措施

改变滑坡体外形也是非常重要的，主要措施有：削坡减重、修筑支挡工程。削坡减重常用于治理处于“头重脚轻”状态而在前方又没有可靠的抗滑地段的滑体，使滑体外形改善、重心降低，从而提高滑体稳定性。修筑支挡工程常用于因失去支撑而滑动的滑坡或滑坡床陡、滑动可能较快的滑坡，可增加滑坡的重力平衡条件，使滑体迅速恢复稳定。

由于滑坡成因复杂，影响因素多，因此需要上述几种方法同时使用，综合治理，方能达到目的。

锚桩也是预防滑坡的有效工程措施。穿透可能滑动的滑动面，进行锚桩加固，防止滑动面之间相互滑动

建立滑坡和泥石流的预警和预报系统。滑坡、崩塌、泥石流灾害虽然突发性强，但是这些灾害发生前都具有明显的前兆（例如，滑坡前缘土体突然强烈上隆鼓胀；滑坡前缘泉水流量突然异常；滑坡后缘突然出现明显的弧形裂缝；滑坡体运动速度的突然变化，等等）。只要知道了滑坡和泥石流的基本常识，对滑坡、崩塌体和建筑的裂缝经常进行简易的测量，及时捕捉前兆，迅速采取措施，就可以成功避免人员伤亡

■ 灾害发生时：注意观测，尽快撤离，通知邻居

下面以泥石流为例，说明在灾害发生时，如何避免伤害。泥石流暴发突然猛烈，持续时间不长，通常几分钟就结束，时间长的也就一两个小时。由于泥石流较难准确预报，易造成较大伤亡，因此，万一没有作出预报，在遭遇泥石流之后采取正确的方法避险、逃生是非常重要的。

首先，泥石流主要发生在夏汛暴雨期间，而该季节又是人们选择去山区、峡谷游玩的时间。因此，人们出行时一定要事先收听当地天气预报，不要在大雨天或在连续阴雨几天当天并且仍有雨的情况下进入山区沟谷旅游。

其次，可以根据当地的地理环境和降雨情况来估测泥石流发生的可能性。同时，我们还可通过一些特有现象来判断泥石流的发生，以便采取快速、正确的自救方法。当发现河床中正常流水突然断流或洪水突然增大并夹有较多的柴草、树木，都可确认河道上游已形成泥石流。仔细倾听是否有从深谷或沟内传来的类似火车轰鸣声或闷雷式的声音，如听到这种声音，哪怕极微弱也

选择适宜的警报信号

可以判定泥石流正在形成，此时须迅速离开危险地段。沟谷深处变得昏暗并伴有轰鸣声或轻微的振动感，则说明沟谷上游已发生泥石流。

第三，一旦发生泥石流要采取正确的逃生方法。泥石流不同于滑坡、山崩和地震，它是流动的，冲击和搬运能力很大，所以，当处于泥石流区时，不能沿沟向下或向上跑，而应向两侧山坡上跑，离开沟道、河谷地带，但注意不要在土质松软、土体不稳定的斜坡停留，以免斜坡失稳下滑，应选择基底稳固又较为平缓的地方。另外，不应上树躲避，因泥石流不同于一般洪水，其流动中可清除沿途一切障碍，所以上树逃生不可取。应避开河（沟）道弯曲的凹岸或地方狭小、高度又低的凸岸，因泥石流有很强的掏刷能力及直进性，这些地方很危险。

雨季是泥石流多发季节（雨天提防泥石流）。泥石流发生时，不要沿泥石流沟跑，应向沟岸两侧山坡跑（孙文盛教授提供）

划定地质灾害危险区，进行严格管理（浙江常山）

■ 灾害后：应急与自救

灾害发生后，要做的两件事，一是应急，二是自救。

当滑坡、崩塌发生后，整个山体系统并未立即稳定下来，仍不时发生崩石、滑坍，甚至还会继续发生较大规模的滑坡、崩塌。因此，不要立即进入灾害区去挖掘和搜寻财物。注意防范第二次滑坡、崩塌或泥石流灾害。

灾害发生后，应立即开展自救互救，有组织地搜寻附近受伤和被困的人。在仔细检查房屋后，尽快离开那些有危险的建筑物。

立即派人将灾情报告政府，以便利用更多的救灾资源，得到更多的灾害信息。

滑坡和泥石流灾害相比其他自然灾害有三点明显的不同。

第一，能量来源不同。地震、火山、海啸等灾害的能源来自地球内部，气象、空间灾害的能源主要来自太阳，而滑坡和泥石流灾害能量的根本来源来自地球的重力势能。重力是造成滑坡和泥石流的根本原因。当某些外界因素一旦发生少许变化，就可以达到滑坡或泥石流的发生条件，长期积累的重力势能一瞬间就释放了出来。除了天然地震以外，能够触发滑坡和泥石流的，一是降水的作用，二是人为的不合理的开挖。由于能量来源不同，治理灾害、减轻灾害的方法也有所不同。

第二，滑坡的一次性规模虽远小于地震等其他灾害，但其发生频度高，涉及范围更广。特别由于它们都是发生在地表的地质现象，长期观测积累了丰富的资料，对于滑坡和泥石流的发生机理和治理方法的认识，相对其他灾害较为成熟。

第三，滑坡和泥石流灾害造成的人员伤亡中，农村占到了总数的80%以上，农村已成为滑坡和泥石流灾害减灾防灾的重点。另一方面，在普及防灾减灾的科学知识方面，农村又是一个弱点。

多年经验表明，滑坡和泥石流是可以有效防范的。关键是要让社会公众了解、掌握科学的灾害防治知识， 我国第一部关于地质灾害防治的行政法规——《地质灾害防治条例》于2004年3月1日起施行，它的出台和实施标志着我国地质灾害防治工作进入了规范化、法制化的轨道。

思考题

1. 滑坡和泥石流都是地面物质的运移。试举一些例子说明人类活动如何引起和触发地面物质的运移?

2. 水在滑坡和泥石流的形成、发展中起什么作用?

3. 为什么滑坡和泥石流多发生在雨季?

4. 滑坡和泥石流都是地质灾害，它们有何不同?

5. 假定山沟里发生了泥石流，下面三种躲避方法哪种是正确的：(1) 向上；(2) 向下；(3) 向两侧的山坡上。

6. 如果你家住在山区，列举一些可以减轻滑坡、泥石流灾害的工程措施。

与滑坡、泥石流有关的网站

http://www.icimod.org（国际山地发展中心）

http://www.usgs.gov（美国地质调查局）

http://www.fema.gov（美国联邦应急管理局）

http://imde.ac.cn（中国科学院、水利部成都山地灾害与环境研究所）

http://www.kepuchina.cn（科普中国）

致谢

中国地震局公共服务司、中国地震局发展研究中心、中国地震局科学技术委员会、地震出版社在创作和出版过程中给予了多方帮助和大力支持，作者对此表示衷心的感谢！